编委会

主 任：李松岩

副主任：周 洲 熊昆仑

编 委：杜 言 陈冬迪

鸣 谢

中国人民警察大学"第一反应"专家团队

儿童安全
小百科

青安教育专家组 编著

童趣出版有限公司编　　人民邮电出版社出版
北　京

图书在版编目（ＣＩＰ）数据

儿童安全小百科 / 青安教育专家组编著；童趣出版
有限公司编. -- 北京：人民邮电出版社，2023.8
ISBN 978-7-115-61124-6

Ⅰ．①儿… Ⅱ．①青… ②童… Ⅲ．①安全教育－儿
童读物 Ⅳ．①X956-49

中国国家版本馆CIP数据核字(2023)第008480号

编　　著：青安教育专家组
责任编辑：陈媛婧
执行编辑：晏一鸣
责任印制：赵幸荣
封面设计：王东晶
排版制作：北京柒拾叁号文化有限公司

编　　　：童趣出版有限公司
出　　版：人民邮电出版社
地　　址：北京市丰台区成寿寺路11号邮电出版大厦（100164）
网　　址：www.childrenfun.com.cn

读者热线：010-81054177　　　经销电话：010-81054120

印　　刷：北京捷迅佳彩印刷有限公司
开　　本：787×1092　1/16
印　　张：12.25
字　　数：210千字
版　　次：2023年8月第1版　2023年8月第1次印刷
书　　号：ISBN 978-7-115-61124-6
定　　价：88.00元

目 录

第一章　校园安全无小事

第二章　出行安全我知道

第三章　居家生活的"安全带"

第六章　自然灾害巧自救

第七章　网络安全"防火墙"

精灵老师

博学多识，善良有耐心。小精灵们在生活中遇到任何问题，他都会为大家解答，所以小精灵们都称他为"行走的百科全书"。

接下来，将由这些精灵陪伴你走进安全小百科的世界。

佳佳

活泼，好奇心强，充满探险精神，但她也是一个"小迷糊"，总是在不经意间犯一些小错误。她的愿望是长大以后成为一名探险家。

朵朵

腼腆乖巧，胆子小，但她的小脑袋里充满了奇思妙想，总会问精灵老师一些古怪的问题。她的愿望是长大以后成为一名科学家。

叮叮

胆子大，总是闯祸，是大家公认的"淘气包"。他总能用幽默、搞怪化解危机。大家都愿意和他做朋友。他的理想是长大以后成为一名美食家，尝遍全世界的美食。

诺诺

长着一撮卷翘、厚厚的刘海儿，爱提问，爱思考，喜欢画画和运动。大家都认为他长大以后能成为一名有艺术家气质的运动员。

第一章
校园安全无小事

如果校园里发生火灾了，应该如何逃生？

坐电梯！电梯的速度快。

这可不行。

这可不行，灭火得交给专业的人去做。保护自己的安全才是最重要的。

我去灭火，大家快跑。

1

2

3

哪儿有火灾？我先跑了，各位再见！

你跑慢点，盲目逃生也会有危险的——

4

姿势很标准！如果用湿的毛巾或衣物捂住口鼻的话，那就完全正确了。

我知道！得像我这样，对吧？

火灾发生时的逃生方法

烟雾是火灾中对人体伤害最大的因素。据统计，有 70% 以上的火灾伤亡事故，是由有毒或高温烟雾引起的。

1 发生火灾时，寻找湿毛巾捂住口鼻，避免吸入有毒、高温烟雾。也可用浸湿的校服、T 恤等衣物代替湿毛巾。

2 逃生时，口鼻尽量贴近地面，因为有毒的高温烟雾会向上升，地面的烟气浓度低。

3 无论被困在几层，都不能乘坐电梯逃生。

校园里有坏人要抢你的钱财，应该如何**自救**？

我左勾拳加右勾拳，打得坏人满地找牙。

这可不行，会受伤的。咱们听听其他同学怎么说。

1

主动发生冲突也会让自己受伤的。下一位同学，你来说吧。

对着坏人大喊："一分钱都不给！"

2

3

4

要钱没有，我攒的卡片可以都给他。

这样会激怒对方的。谁知道正确答案呢？

正确答案出现——有机可乘就赶紧跑！

遭遇校园抢劫时的自救方法

抢劫钱财属于违法行为。遭遇校园抢劫时，首先要让自己镇定下来，不要慌张，然后再想办法自救。

① 假装同意对方的要求，避免发生正面冲突。

② 若对方让你带他回家拿钱，可以用"家里有大人"为借口，让对方放弃跟你回家的念头。

③ 若你与对方力量相当，要拿出勇气来拒绝。

④ 若对方强迫你跟他走，要想各种办法拖延，找机会脱身。

⑤ 记住抢劫者的相貌、衣着等特征，事后打电话报警。

在教室里大扫除时，会有哪些危险行为？

用拖地的水打水仗，这个很危险。

对，不仅会摔倒，还会弄湿衣服。下，下一位同学，你说说吧。

确实，会被绊倒。快，换下一位同学。

骑在扫帚上奔跑，也很危险。

1

2

擦外面那侧窗户的时候，不把自己绑好也会有危险。

就算绑好也不可以把身体伸出窗外哟！

3

4

擦屏幕的时候不拔插头，这多危险……

你用湿手去拔插头更危险！

打扫教室时应注意的"小事"

教室里空间狭小，人数众多。在教室进行大扫除时，要注意很多"小事"，否则容易发生危险。

1 不要一边打扫一边打闹，应该小心打扫。

2 擦拭物品时应先观察物品表面是否有破损，以免被划伤。

3 擦窗户时，不要将身体探出窗外，更不要踩在桌子上去擦拭，防止意外跌落。

4 擦拭通电物品时，要先断电再擦拭。

集体活动时意外摔倒，应该用什么姿势自救？

这姿势很危险啊！要不……换一个？

摆一个"大"字，紧紧趴在地上。

1

这样把身体柔软薄弱的部位暴露出来，也会受伤的。再想想？

用我这个！仰面躺在地上，肯定没人敢踩我。

2

3

这时候别人拉你也会摔倒受伤的，还是自救最靠谱儿。

自救好难啊，让别人拉我起来可以吗？

4

这个姿势不错，能完美保护自己。

我知道！得像西瓜虫那样把自己缩成一个球。

发生踩踏时的自救姿势

校园里举办活动时，会出现大规模人员集体流动的场面。如果前方发生拥堵或有人摔倒，后方的人没有留意，就极易发生踩踏事故。

1 在拥挤人群中，左手握拳，右手握住左手手腕，双肘撑开平放胸前，形成一定空间保证呼吸。

2 不慎倒地时，双膝尽量前屈，护住胸腔和腹腔的重要脏器，侧躺在地。

3 两手十指交叉相扣，护住后脑和颈部；两肘向前，护住头部。

4 小腿紧绷，脚尖勾起，防止由于别人踩踏而造成脚踝骨折。

课间休息时，不可以在教室里做哪些危险的事情？

不可以这样跑。

对，磕到桌角受伤了，爸爸妈妈会心疼的，对不对？

1

不可以突然拿走我的椅子。呜——我都摔倒好多次了。

这种行为太危险了。还有其他同学受伤吗？

2

3

老师，快接住我，不然我也要受伤啦——

小心哪——

4

把臭虫放在同学的笔袋里，是危险行为吗？

难怪教室里有股臭味……

课间休息的安全小贴士

课间休息时间虽短，但也能放松身心，只是千万不能放松"安全"这根弦。

① 轻声慢步，不打扰同学。

② 收好腿脚，不绊倒同学。

③ 及时清理地面积水，避免滑倒。

④ 不把文具当玩具。

运动前要做好哪些准备？

如果发觉身体不舒服，马上告诉老师。

真棒啊！第一位同学就答对了。

还要检查鞋带！没系好的话，连球带鞋都飞了。

第二位同学也答对了，优秀！

1 **2**

3 **4**

得少吃点。

确实，饭后马上运动的话会消化不良的。

嗝

仔细听老师讲解怎么使用器材，不然会受伤的。

大家都很厉害啊，全对！

运动前的自我保护

运动时，稍不注意就会发生扭伤等意外，所以运动前一定要做好自我保护。

1 身体不舒服时，及时告知老师。

2 观察场地和周围环境，确保自己在安全的区域。

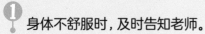

3 不随身携带无关物品。

4 认真做热身运动。

不小心摔倒了，
应该怎么办？

男子汉大丈夫，挺住！不哭！

可以哭，但是要记得告诉老师你受伤的事情哟！

快来人救救我啊——

放心，是轻微擦伤。来，老师扶你去医务室。

1

2

3

4

大白天我怎么看见了好多星星啊？

先别站起来，救护车一会儿就来了！

应该先检查自己的伤口，不能马上站起来。

非常正确，大家都要牢记这一点哟！

摔倒后四种不可取的做法

摔倒并非小事，需要密切观察，如有异常要及时就医。

1 急于起身。
应缓慢移动四肢和颈部，检查是否受伤。

2 轻伤却留在原地。
应转移去安全区域休息。

3 不向他人求助。
应大声求助，并明确告知受伤的部位。

4 不配合医护人员施救。
应主动配合医护人员施救。

我们身上，哪些部位是别人不能随便看、随便触碰的？

一定是头发！我不喜欢别人摸我的头。

不是头发哟。

是……手吗？

也不是哟。

1 **2**

3 **4**

我的小脚丫，谁都不能碰！但勉为其难可以让老师欣赏一下。

有话好好说，先把鞋穿好。你的小脚丫，老师下次再欣赏，好吗？

是穿上泳衣、泳裤后，这些不裸露出来的地方吗？

正确！这些部位也叫作"红色区域"。

"五颜六色"的身体区域

- 绿色区域：可以与他人接触。
- 黄色区域：谨慎与陌生人接触。
- 橙色区域：被碰触时立刻反抗。
- 红色区域：禁止别人触碰。

双手、双脚

四肢、肩膀

面部、颈部和背部

泳衣、泳裤覆盖的部位 *

* 如果别人故意触碰这些部位，一定要马上告诉爸爸妈妈这一情况。

哪些开玩笑的行为很危险？

拽同学的红领巾很危险。

可能会勒伤人，对不对？

①

同学站起来后，偷偷撤掉他的椅子。

危险！会摔伤的。

②

③

谁要是给我起外号，我会让他知道我有多危险！

老师会批评这种不礼貌的行为，你也消消气。

④

不能用毛毛虫吓唬人。

我赞同……

不可取的玩笑行为

同学之间开玩笑要有分寸，不能伤害他人。

1 趁同学坐下的瞬间，把他/她的椅子撤走。

2 用学习用品或教具打闹。

3 给同学起侮辱性的外号。

4 在正在运动的同学旁捣乱。

遭遇暴恐袭击，应该如何避险？

1

2

3

4

平时要多观察身边的环境，以便遇到特殊情况时能够及时逃脱。

① 快速逃离事发地。

② 寻找封闭的避难所进行躲避，等待解救。

③ 逃跑时，尽量选择成年人多的大路，避免偏僻小路。

④ 一旦受伤，要及时呼救。

课间休息时，
不能做哪些危险的事情？

飞奔去卫生间。

哎哟！

1

不能在水房里跑来跑去，地上很滑的。

你这速度肯定不会摔倒了。

2

我来打扫一下走廊，这很安全吧？

要小心那些挂在墙上的相框哟。

3

这样下楼又快又安全。

这可不安全啊！快下来！

4

课间休息时的安全小贴士

在学习之余，可以利用课间休息的时间放松一下，但是，放松的同时也要保护自己。

1 不要在楼道、楼梯上追逐打闹，避免摔伤、磕伤。

2 不要触碰墙上悬挂的相框，避免因相框固定不牢被砸伤。

3 楼梯扶手不是滑梯，不要骑坐在上面，避免摔伤。

在操场上活动时，应该如何保护自己？

不管多难受，都要坚持上完体育课。

难受就不能扛着了，我带你去医务室。

1

穿短裤时，一定要戴上护膝，保护膝盖。

对！

2

3

救命——是毛毛虫！

别害怕，老师来帮你。

4

和踢球的人保持距离。

以免被球砸到，是吗？

操场活动时的安全"小事"

安全 在操场上活动时，有很多安全"小事"值得注意。

① 身体不适时要及时报告老师。

② 按照操作规范，正确使用器械。

好疼!

③ 不要随意闯进其他同学正在活动的区域。

④ 不要在湿滑的操场上活动。

文具会存在**什么安全隐患？**

劣质文具含有有毒物质。

对，还是不要再用了。

1

不能把小文具放进嘴里，万一噎住就危险了。

确实，一定要小心笔帽那样的小零件。

2

3

递剪刀的时候，尖的一端要朝向别人，不能伤了自己。

伤了别人也不行。下次用手包住尖的一端再递给别人。

4

不能用文具打打闹闹。

对，文具使用不当也会变成伤人的武器。

正确使用文具的方法

选购安全的文具，养成正确使用文具的好习惯。

* 购买文具时，要认准行业标准。

QB/T2655

1 小心使用圆规、美工刀等尖锐、锋利的文具。

2 不要掰断尺子。尺子被掰断后，断裂处会变得锋利，容易发生划伤。

3 不要玩修正液和荧光笔，以防引起皮肤过敏。

如何避免感染**流感病毒**？

多穿衣服，做好保暖！

流感是由病毒和细菌引起的，增减衣物是不能避免感染流感的哟。

1

多喝水，喝很多杯水。

多喝水可以排毒，但也不用一次喝这么多。

2

3

我还是吃点药，先预防一下吧。

比起吃药，注射流感疫苗可能更好。

4

勤洗手也是一个好方法。

很正确，勤洗手可以帮助我们清除病毒和细菌。

预防流感五大招

流感病毒的传染性非常强，它会导致流行性感冒，并在短时间内造成大面积感染。

1 每年接种流感疫苗是预防流感最有效的方法。

2 勤洗手，以防接触、传染流感病毒。

3 经常通风，保持室内空气清新。

4 戴好口罩，可以有效阻挡病毒和细菌。

5 加强体育锻炼，增强身体抵抗力。

如何才能理性消费？

买盲盒就没办法理性消费。老师，您猜这盒里会是什么呢？

快来一位理性的同学劝劝她吧。

1

买盲盒就是浪费钱。收集闪卡才能成为"有魅力"的人。

这么多卡，得花不少钱吧？

2

3

我才是理性的人。只花家长的钱，不花自己的零用钱。

家长的钱也是辛苦工作得来的，也要好好珍惜。

4

我很珍惜我的零用钱，每次买东西都货比三家。

这是一个好办法，既理性又省钱。

理性消费小贴士

学会理财,避免盲目消费,养成正确的消费观。

① 分清楚"需要"和"想要",根据实际需求进行消费。

② 了解什么是"冲动消费",学会管理零用钱。

③ 不攀比,不为了满足虚荣心而消费。

④ 学会购买技巧,货比三家。

第二章

出行安全我知道

炎炎夏日，在户外中暑了怎么办？

先躲到树荫下休息一会儿。

是个办法！还有其他好方法吗？

1

2

还可以去冷饮店里吹空调，吃雪糕。

真厉害，吃冷饮能降温解暑的"小秘密"都被你发现了！

3

吃雪糕不如浇冰水，凉得更快！

这招反而不容易散热。

4

很严重的话，是不是要送去医院呀？

对，轻度以上的中暑，就得送去医院接受治疗了。

夏日必备防中暑知识

夏日气温较高，湿度较大，极易发生中暑。做到这三点，就可以轻松防中暑。

1 避开最热的时间出行。尽量不要在上午 10 点至下午 4 点的时间段出行。

2 出行时做好防晒措施。

3 保证足量饮水，少量多次。

被误锁在轿车里，应该如何逃生？

疯狂按喇叭，让路人发现我，然后救我出去。

的确是个好方法！我们再听听其他同学的想法吧。

嘀

1

还可以大声喊

车内是密闭空间，车外的人可能听不见你的呼救声。

救命！

2

3

把车顶撞出一个大窟窿就能出去啦！

脑袋先撞出一个大包怎么办？

4

找东西赶紧把车窗砸破。

这是个好方法！

被困车内的逃生方法

夏季车内的温度可能高达 50 摄氏度。被滞留在车内几分钟，就会出现体温过高等症状，随时会危及生命。

1. 按喇叭。

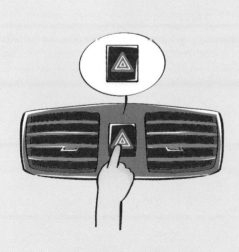

2. 打开危险报警闪光灯。

3. 用物品敲打车窗。

乘车时，身体的"红色区域"被侵犯了，应该怎么做？

马上反抗！但，我不敢，怕挨揍……

确实，发生正面冲突可能会受伤。还有其他办法吗？

1

用力踩他一脚，我看他承不承认！

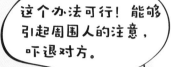

这个办法可行！能够引起周围人的注意，吓退对方。

2

3

4

像我这样，摆出大人的架势，大声呵斥对方。

如果对方不承认呢？

可以赶紧向车里的安保叔叔求救，让他保护我。

回答正确！

如何应对公共交通设施里发生的性骚扰？

在拥挤的公共汽车、地铁里，遭遇坏人对自己图谋不轨，应该怎么办？

① 及时发现并引起警觉。

② 向对方发出眼神警告，并迅速移开。

③ 远离嫌疑人后，优先选择向车内的成年男性求救。情况紧急时，也可向司机求救。

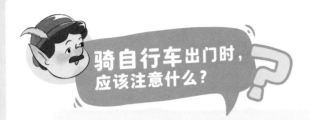

骑自行车出门时，应该注意什么？

1

要贴着路边，靠右骑车，危险才会远离我。

很好！但千万不能在人行道和机动车道上骑行哟！

2

还不能逆行。

对，逆向骑行很不安全的。

3

注意不能被后面的车超过。在马路上，速度就是一切！

马路可不是赛车场，不能飞车穿行哟。

4

不能闯红灯，特别是十字路口，很危险的。

非常好，遵守交通规则才能确保行车安全。

骑自行车上路的注意事项

马路不是赛车场，比起速度，安全才是最重要的。

* 未满 12 周岁的儿童禁止骑车上路。

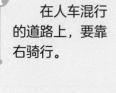

1 在人车混行的道路上，要靠右骑行。

2 不双手离开车把，不在骑行中打闹。

3 转弯前减速慢行，向后观望，并伸手示意转向。

4 横过机动车道时，下车推行。

坐飞机时，
不能做哪些危险的事情？

飞机上，遭遇气流颠簸时的注意事项

乘坐飞机出行，应全程系好安全带，听从空乘人员的安排。

1 在座位上，系好安全带，固定自己。

2 正在行走时，原地下蹲，抓紧身旁的固定物体。

出 口

3 在洗手间内遭遇颠簸时，抓紧固定物体，防止摔倒。

4 禁止触碰应急安全门。如需逃生，应由成年人完成操作。

如果遭遇沉船事故，应该如何**自救**？

马上穿好救生衣，它能让我漂在海上。

记得上船时就要观察救生衣放在哪里哟，以备不时之需。

1

还可以坐救生艇逃生。

同样要记得一上船就了解救生艇放在哪儿哟。

2

3

怕什么，游上岸就行了。

万万不行！靠游泳是脱离不了危险的。

4

靠这个大箱子让我漂在海上。

找漂浮物是对的，但空箱子才能让你漂起来哟。

沉船时的自救逃生方法

在灾难面前，只有 15% 的人能够保持镇定，70% 的人会发生判断力受损，其余 15% 的人会彻底失去理智。

1 保持镇定，听从指挥。

2 若被困船舱，寻找漂浮物。

3 快速穿好救生衣，并发声求救。

穿上救生衣　系胸部、腰部扣带

系裆部扣带

吹哨　　　　调节松紧

4 逃往甲板，不乘坐电梯。

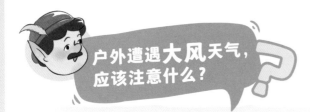

户外遭遇**大风**天气，应该注意什么？

远离有广告牌的高楼。

万一广告牌被大风吹落，砸伤你就糟糕了。

1

小心掉下来的瓷砖！

还好你及时推开了我。

2

3 **4**

赶紧找个切菜板顶在头上，护住脑袋。

还是戴上安全帽吧，这样更安全。

还要小心楼上掉下来的建筑垃圾。

你也快戴好安全帽。

哎哟

春季大风天气频发，高空坠物伤人事件时有发生，安全隐患不容忽视。

1 不在高层建筑物下停留。

2 绕行高空坠物易发区域。

被高空坠物砸中：

1 如果能移动身体，应迅速逃到安全地带，并向成年人求助。

2 如果无法移动身体，应大声地呼救，等待成年人或医护人员的救护。

步行上学时，应该注意哪些危险？

马路上的汽车很危险，不小心的话可能会发生交通意外。

确实，还有其他危险吗？

还有井盖！上次差点儿就掉进去，吓死我了！

下次千万记得绕道走。还有同学想回答吗？

1

2

3

4

我觉得狗粑粑才是最危险的。

不注意脚下确实会"中招"。再想想，还有更危险的吗？

过马路很危险，我不敢一个人走。老师，您能牵着我吗？

别怕，老师牵着你。我们一起遵守交通规则，保护自己也保护别人。

上学路上那些容易被忽略的危险

上学路上危险重重，看得见的、看不见的危险无处不在，有些危险甚至直接被忽略了，后果不堪设想。

1 人车混行的道路。突发危险时，车辆无法及时躲避行人，极易发生交通事故。

2 破损、松动的井盖。踩在井盖上，会发生意外落井。

3 不遵守交通规则的司机。走人行横道时，要仔细观察来往的车辆，确保安全后再通过。

4 站在马路边等红绿灯。注意路边转弯的车辆，以免被转弯的大车卷入车轮下。

坐公共汽车，应该注意什么？

不能在车里跑来跑去。摔倒的话，膝盖会痛。

确实，坐稳、扶好才安全。

1

不能在车上吃吃喝喝。急刹车的话，会洒得到处都是。

非常正确！万一噎住了，可不得了。

2

3

下车也要小心。要像乌龟一样，伸长脖子左右看看。

说得对，模仿得也对，哈哈哈哈！

4

坐车的时候把脑袋伸出窗外会受伤的。

车辆在行驶的时候，可不能像乌龟那样伸出脑袋哟。

乘坐公共汽车的注意事项

乘坐公共汽车让出行变得更方便，但乘坐前还需要了解一些注意事项。

1 追逐、打闹，容易摔倒受伤。

2 吃零食、喝饮料，容易发生食物卡喉。

3 把头、手伸出窗外，容易被过往的车辆剐到。

4 观察车门附近无车辆通过后，再下车。

坐地铁时，应该如何保护自己？

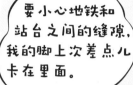

乘坐地铁时，为了确保安全，一定要知道这些注意事项。

1 候车时，不要扶靠屏蔽门。

2 上、下车时，注意车厢和站台之间的缝隙。

3 关门提示音响后，不要抢上、抢下，以免被门夹伤。

4 物品掉进轨道，严禁擅自进入轨道拾取。

乘坐火车，会有哪些安全隐患？

车站人多，可能会和爸爸妈妈走散。

跟紧家长是没错，但贴得这么紧，老师有点儿热。

站台和火车之间的缝隙有点儿大。步子跨得大一点儿，才能安全上车。

有道理。

1

2

3

4

一定要记得带上泡面。

除了泡面，随身行李也要看管好哟。

行李要在行李架上摆放好，不然会掉下来砸到别人的。

这个细节确实容易被忽略，大家都要记住哟。

乘火车的"四不要"

火车让出行更便捷，但如果忽视了安全问题，会带来不良的后果。

① 不要在人流量大时拥挤，应避让人群。

② 不要在站台上玩耍，应有序乘车。

③ 不要随意摆放行李，应按规定摆放。

④ 不要暴露贵重物品的位置，离开座位时最好随身携带。

脚下的井盖会有什么危险？

踩在上面像玩跷跷板一样，没有危险吧？

这很危险啊，可能会掉下去。

那种会冒热气的井盖看起来很安全呀，像是在蒸桑拿。

那是从热力井里排出的热水蒸气，小心被烫伤。

1 **2**

3 **4**

往井盖里面扔鞭炮挺好玩儿的，就是声音太吓人了。

往井盖里扔东西可太危险啦！

下雨天一定要躲开有井盖的地方，否则会掉下去。

地面的积水会遮挡视线，一定要看清楚了再走哟。

小井盖里的大危险

道路上有很多井盖，虽然它们的功能各不相同，但是都暗藏着一些危险。

1 远离破损、松动的井盖，避免踏空落井。

* 青少年最好不要燃放烟花爆竹。

2 雨天外出时，绕开积水和排水井，避免落井。

3 燃放烟花爆竹时，要远离井盖。

放学后不能做什么事情？

不能去路边摊买零食吃。

对，吃完可能会拉肚子。

1

不能去网吧，我还没成年。

是的，未成年人不能出入娱乐场所。

未成年人禁止入内

2

3

不能错过学校周围的风景，我要在周围溜达溜达。

没有按时到家，家长会担心的。

4

放学后还是直接回家吧，校园外面不安全。

走熟悉的路，快速回家，不让家长担心。

放学后的"四不要"

放学途中存在着安全隐患，独自走在路上可能发生安全问题。

1 不要在学校门口停留、打闹，避免和其他人发生碰撞。

2 不要去网吧、游戏厅等娱乐场所，避免受到不良影响。

3 不要不告知家长擅自去同学家玩耍，避免回家太晚，让坏人有机可乘。

4 不要去河边玩耍，避免发生意外落水。

夜晚外出时，应该注意什么？

要睁大眼睛，看清脚下的路。

想要看清路，少不了灯光吧？

1

晚上蚊虫多，出门前要喷点防蚊水。

准备得很充分！

2

3

要小心坏人，妈妈说坏人都是晚上出门。

提高警惕很重要，但不用自己吓唬自己。

4

还要小心路上的车。

夜晚，司机的视线会受到影响，确实应该多加小心。

夜晚外出的注意事项

夜晚外出时，应格外保持警惕，尽量避免单独行动。

1 选择有路灯的主路行走。

2 远离正在行驶的车辆。

3 若被可疑人员跟踪，可采用"Z"形的前进方式，判断对方的跟踪轨迹。

4 用余光观察可疑人员的体貌特征，并迅速向路人求助。

第三章
居家生活的
"安全带"

被烫伤了，应该怎么办？

男子汉不怕疼，抹上这个就行。

这……是眼药膏吧？小朋友可不能随便用药，要遵医嘱使用。

眼药膏

1

还是吃块巧克力补一补吧！

巧克力只能补充能量，不能处理伤口。

2

3

别吃巧克力了，吃冰棍儿吧——凉"办"。

这可不是个好办法，得赶紧处理伤口。

4

凉"办"怎么行，得赶快用冷水冲一冲才行。

可算是有个靠谱儿的答案了。

哈哈哈

处理烫伤的急救方法

青少年由于好奇心强，对危险的感知能力不足，在生活中极易发生烫伤意外。烫伤发生后，现场急救极为重要。

1 立即用流动的清水冲洗伤处，让伤口迅速冷却。

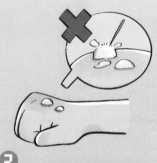

2 如果烫伤处有水疱，千万不可自行挑破，以免感染。

3 用纱布或者干净的毛巾简单包扎后，立即就医。

4 不轻信民间偏方，不在烫伤处乱抹，交由医生处理伤口。

独自在家时，可以做什么？

但是……待在家里是不是更安全呢？

看好家门，不让陌生人进来！

1

我不敢出门，那就在家里做做家务吧。

是个好孩子。但用湿抹布擦电器很危险啊！

2

3

还是给爸爸妈妈准备点水果吧！

是个好主意，但……是不是得先洗手啊？

4

老师，我可以去阳台那儿浇浇花吗？

把身体探出阳台外不安全哟。

独自居家牢记"四不"

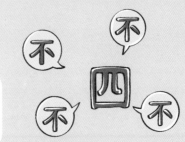

独自在家安全隐患多。养成安全意识，学会自我保护极为重要。

1 不给陌生人开门，避免遇到坏人，发生危险。

2 不湿手触碰电器，避免触电。

3 不用脏手接触食物，注意饮食卫生。

4 不靠近阳台，避免坠落。

鱼刺卡在喉咙里，应该如何处理？

奶奶说醋可以软化鱼刺。现在我肚子里全是醋。

这可不行，咱们再想想其他方法。

1

使劲把鱼刺咳出来，能行吗？

咳咳咳

这有点儿困难，老师带你去医院吧。

2

3

吃口馒头，把鱼刺压下去行吗？

吃什么都不行，这时候要少做吞咽的动作。记住了吗？

4

老师，您快看看，用镊子能夹出来吗？

如果卡得太深，咱们就去医院。

异物卡喉的自救妙招儿

被鱼刺等异物卡住喉部时，千万不能用喝醋、吃馒头等偏方处理，一定要采取科学、正确的方法。

1 立即停止进食，少做吞咽动作，把筷子放在舌头前三分之二处并下压。

2 若能看清异物的位置，可用长镊子夹住，慢慢取出。

3 若异物的位置非常深，应尽快就医。

洗发露溅到**眼睛**里，应该如何处理？

用毛巾擦擦眼睛就不难受了。

记住，不能用毛巾擦哟！

1

用水是对的，但这些水还不够。

像这样洗掉就好啦！

2

3

看我的"泪水攻击"！

"以泪洗眼"吗？

4

用这个冲冲眼睛，能舒服点。

这办法靠谱儿！

刺激性液体入眼的处理方法

洗发露是化学物质，进入眼睛后，其中少量物质会对眼睛有损伤，所以应该积极处理，及时保护眼睛。

1 不用手揉眼睛，并迅速向成年人求助。

2 用大量的流动清水冲洗眼睛。

冲洗时，要上下左右转动眼球，将眼内的洗发露冲洗干净。

3

4 冲洗后，可冷敷缓解刺痛感，如仍有不适，应及时就医。

用电时，应该小心什么？

要小心手上的水，湿手不能碰电源。

说得对。还有吗？

还要小心电源插座，不能用手捅那个孔。

记住，也不能用金属制品捅插座孔哟！

1

2

3

千万要小心裸露的电线，别问我是怎么知道的。

要不，跟大家说说呗？

4

喝水时也要小心，不能把水溅到插座上。

真棒，答对了！

· 72 ·

安全用电"四千万"

水是日常生活中最常见的导体，电器进水会发生短路，甚至引发火灾。

① 千万不要用湿手触摸电器。

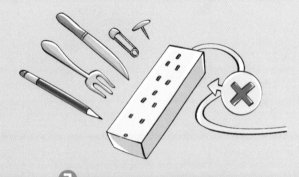

② 千万不要用金属制品捅插座孔。

③ 千万不要触碰裸露的电线。

④ 千万不要随意拆卸插座。

使用**电器**时，需要注意什么？

开冰箱的时候千万要小心。

被冰箱门上掉下来的东西砸到了吗？

1

用饮水机的时候也要小心，得看清哪边是热水。

快别吹了，老师带你去冲冷水。

2

看电视的时候记得要和屏幕保持距离。

坐远点是没错，但这也太远了，看得清吗？

3

4

千万别用微波炉加热鸡蛋，会爆炸的！嘣！

确实，使用微波炉的时候要小心，小心，再小心！

使用微波炉时的四大注意事项

　　使用微波炉时的四大注意事项一定要知道，否则容易引发事故。

① 要用微波炉专用的加热器具盛装食物，否则易引发火灾。

② 不能用封闭器皿盛装液体，易发生喷爆。

③ 加热完毕后，不能立刻拿出加热物，否则易被烫伤。

④ 微波炉内起火时，先切断电源。

使用**燃气**应该注意什么？

上次来我家检查燃气管道的叔叔说，那上面不能挂东西。

确实，燃气管道上挂重物会让管道变形的。

1

我每次学做饭的时候，爸爸都提醒我开窗通风。

这是因为开窗通风能防止一氧化碳中毒。

2

3

我最喜欢煮汤了，都不用担心发生火灾，因为汤会把火浇灭的。

这很危险啊！煮汤也不能大意。

4

如果闻到奇怪的味道，要马上告诉妈妈。

对，如果是燃气泄漏，那可不是小事。

一旦发生燃气中毒，极有可能危及生命。紧急情况下采取正确的救人措施，极为重要。

① 开窗通风。

② 关闭燃气灶开关。

③ 把中毒者挪到通风处。

④ 拨打 120 求救。

⑤ 向邻居求助。

* 若发现中毒者呼吸困难，皮肤暗红，立即解开中毒者衣扣，将其头扭向一侧，保持气道通畅。

家具会存在什么危险？

像蜘蛛侠那样爬上抽屉柜，会受伤的。

抽屉柜发生倾覆，人会被压在柜子下面的。

1

在沙发上蹦蹦跳跳，会摔下来的。

是啊，快下来吧。

2

3

桌子下面最安全。爸爸路过的时候，还可以吓他一跳。

桌子下面也有危险，弄翻了桌上的热水，会被烫伤的。

4

在衣柜里玩"躲猫猫"，会被关在里面出不去的。

那就快出来吧。

预防家具伤害的"四不要一注意"

家是爱的港湾，但如果家具使用不当，也会发生危险。

1 不要攀爬家具。家具倾覆，会造成砸伤。

2 不要躲藏在桌下或在桌下爬行。桌上的热水被打翻，会造成烫伤。

3 不要躲在衣柜内。被困在密封的衣柜内，会造成窒息。

4 不要在家具上摆放重物。重物掉落，可能会砸伤脚。

5 注意家具的边角、缝隙。防止磕碰、夹伤。

有好多我不认识的瓶瓶罐罐。老师，您看这是安全隐患吗？

这是消毒液，千万不能乱碰。

爸爸的剃须刀肯定很危险。老师，您看我的手。

哎呀，受伤了啊！剃须刀的刀片很锋利，不能碰哟。

1

2

3

男子汉就要自己洗手！但没想到热水这么烫，手都被烫红了。

快用冷水冲冲。

4

洗澡时一定不能跳舞，到现在我的屁股还疼呢！

卫生间的地面湿滑，不站稳扶好很容易摔倒的。

卫生间安全小贴士

空间狭小的卫生间隐藏着很多安全隐患，牢记安全小贴士才能不受伤。

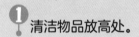
清洁物品放高处。

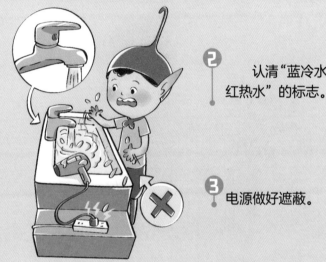
认清"蓝冷水、红热水"的标志。

电源做好遮蔽。

地面湿滑，站稳扶好。

洗手台的直角做好防撞措施。

在阳台上，不能做哪些危险的事情？

你模仿的样子还挺像啊……是被栏杆卡过吗？

不能把头伸进栏杆里，会被卡住的。

1

快下来，这么危险的行为还是不要模仿了。

不能站在凳子上，把身体伸出阳台。

2

3

以后可不能往楼下扔东西了啊！

像我这样，不用下楼就能扔垃圾，很方便的。

4

不用过于害怕，我们和阳台保持适当的距离就可以了。

靠近阳台就会发生危险，所以我都离阳台超——级远。

阳台上不可取的行为

阴雨天气，只能居家玩耍。家中阳台宽敞，但处处存在危险，可不是个玩耍的好地方。

2 蹬踏阳台上的凳子、纸箱等物品，易发生跌落，不可取。

1 把身体任何部位伸出栏杆，易被卡住，不可取。

3 在阳台堆放油漆、密封罐等易燃易爆品，不可取。

5 从阳台向楼下丢物品，属于违法行为，不可取。

4 伸手去够阳台外的物品，易发生跌落，不可取。

流鼻血时，应该如何**止血**？

把头抬起来，鼻血就流不下来了。

这是常见的误区之一，不可取。

1

用团纸堵住鼻孔就行了。

这个办法也不可行，纸团会加重鼻出血的。

2

3

血很宝贵的，流干了可怎么办啊？！

别害怕，身体的凝血功能会帮助你止血的。

4

上次妈妈用凉水拍我的脑门儿，很快就止血了。

因为凉水能够降低体温，减慢血流速度。

科学止鼻血的五个步骤

在日常生活中，偶尔会发生流鼻血的情况。及时止血，能够杜绝严重后果的发生。

1 立刻微微低头，牢牢捏住鼻翼。

2 拿出洗脸盆，坐下后，头向前倾，脸位于脸盆上方。

10分钟后

3 按压鼻翼根部至少10分钟，这期间不能抬头。

4 慢慢地松开按压的手指。

5 头保持前倾，用凉毛巾将嘴巴和鼻子周围擦干净。

如何安全地接触宠物犬？

1. 给它们带好吃的，小狗最爱吃火腿肠了。

真善良。但必须得到宠物主人的同意哟。

2. 轻轻地摸摸小狗的头就好啦，它还会高兴地向我摇尾巴呢！

小狗紧张时也会摇尾巴哟，这时它咬你一口就糟糕了。

3. 看见大狗我就躲，看见小狗我就让它躲，哈哈哈。

其实，小狗比大狗更危险……

嘘

汪汪汪

4. 我害怕狗，每次看到狗我都躲得远远的。

警惕宠物犬是对的。其实只要绕开它，不和它有眼神交流就安全了。

准确识别犬类的攻击行为

犬类发起攻击前，会有一系列行为。准确识别这些行为，能有效避免受到犬类的攻击。

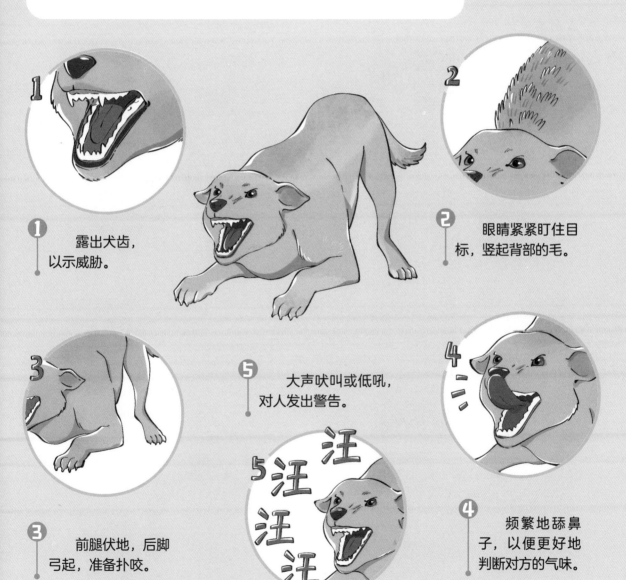

1 露出犬齿，以示威胁。

2 眼睛紧紧盯住目标，竖起背部的毛。

3 前腿伏地，后脚弓起，准备扑咬。

5 大声吠叫或低吼，对人发出警告。

4 频繁地舔鼻子，以便更好地判断对方的气味。

汪汪汪汪

发现狗准备攻击你，应该怎么办？

你跑了，它会把你当成猎物追赶的。

愣着干吗？快跑啊！

和它对视，会让它更有攻击性的。

用恶狠狠的眼神吓唬它。

1

2

3

挥舞木棍会刺激到狗的，还是换个方法吧。

"打狗棍"在手，走遍小区都不怕！

4

"调虎离山"这招不错！

用石头引开它，我就可以偷偷溜走了。

遭遇犬类攻击时的自救方法

一旦被犬类袭击或者追赶时，一定要选择正确的自救方法，才能避免受伤。

1 镇定地站在原地。

2 不与它对视。

* 如果抛出的物品不能吸引它，可以将书包、雨伞或者外衣挡在自己身前。

3 向旁边抛出物品，吸引它去其他地方。

4 向反方向自然移动，千万不能奔跑。

被狗咬了，
应该如何处理伤口？

我爸爸知道怎么处理，我打电话问问他。

对，不要自己判断伤情，以免耽误治疗。

1

先躲去安全的地方，再想办法处理伤口吧。

确实，万一狗追过来就麻烦了。

2

3

我这看不出来有伤口，就不用处理了吧。

万一感染狂犬病，可是无法治愈的！还是处理一下吧。

4

让医生处理伤口，再打狂犬病疫苗就更放心了。

处理得非常好！

被犬类咬伤后的处理方法

狂犬病从感染到发作的潜伏期，一般为 1~2 个月，而狂犬病疫苗能有效地预防狂犬病的发生。

① 尽快用大量的清水反复冲洗伤口 15 分钟以上。

② 若出血量大，应立即用止血带进行止血。

③ 迅速就医，注射狂犬病疫苗。

④ 轻伤可不包扎，可用紫外线对伤口进行消毒。

⑤ 重伤可用纱布进行简单包扎。

过期的食物对人体有什么危害？

会让你拉肚子。

是的，拉肚子可太难受了！

过期的蛋糕有股怪味儿，吃了会口臭吧……

闻到怪味儿就别吃了。

1

2

3

过期的巧克力就这么扔了，太浪费了吧！还是让我吃了吧。

千万不能吃过期的食物啊！

4

吃进去的话，可能会食物中毒！得快点想办法吐出来。

催吐是个好方法！

变质食物的四种特殊气味

变质食物有四种特殊的气味，学会辨别这些特殊的气味，是避免误食变质食物的第一步。

1 哈喇味。食物中的油脂极易发生氧化、酸败，从而产生一股又苦又麻、刺鼻难闻的气味，俗称"哈喇味"。

2 腐臭味。食物中的蛋白质在微生物和酶的作用下，会被分解成有机胺、硫化物、粪臭素等物质，这类物质会导致食物产生腐臭味。

3 酸味或酒味。食物中的碳水化合物会分解产生单糖、双糖、有机酸等物质，这类物质会导致食物产生酸味或酒味。

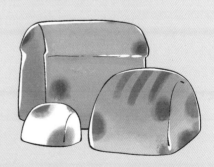

4 霉味。受霉菌污染的食物在温暖潮湿的环境下常会发霉，这类霉菌可能会产生毒素。

可以直接吃从冰箱里拿出来的食物吗？

1

不可以。水果的表面有细菌。

对，得洗洗再吃。还有其他要注意的吗？

2

也不能直接喝饮料，得放一会儿，不然喝了会肚子痛。

这确实也需要我们注意。

3

像冰激凌这种食物从冰箱里拿出来就得立刻吃，不然就化了。

你吃之前没看包装袋吧，这个冰激凌都过期啦！

4

放在冷冻室里的碳酸饮料，我可不敢喝。

放冷冻室里了？！这可是会爆炸的呀！

食物在冰箱中的**存放方法**

日常使用冰箱时，应注意科学储存，健康食用，避免发生食物中毒。

① 食物放冰箱前别清洗，简单擦拭即可。

② 热带水果别放进冰箱。

③ 生食、熟食分开放。

④ 面食的包装袋别封死。

可以玩大人的工具吗？

小心别砸了脚！

可以吧。但是这太重了，我都拿不动。

当然可以。看，这把"枪"很酷吧！

太危险啦！还是玩这个吧，也很酷。

1

2

3

4

生锈的锯条居然这么锋利，手都被划伤了。呜——

先消毒，然后老师送你去医院打破伤风针。

我只敢看看，不敢动手。

你能这么想，我就放心了。

工具安全小贴士

螺丝刀、锤子、美工刀等物品都是危险工具，一定要把这些物品妥善放置在工具箱内。

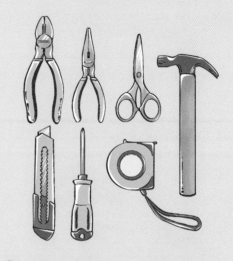

1 不要把工具箱里的物品当作玩具。

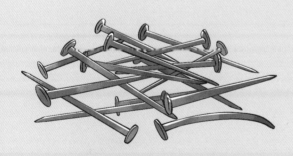

2 被生锈的工具划伤、割伤后，要打破伤风针。

3 被工具砸伤后，要去医院检查是否有骨折或内出血等情况。

如何安全地使用**取暖物品**？

这种做法很正确！

暖宝宝要贴在衣服上，不能贴在皮肤上。

1

2

说得很对！贴的时间太长，可能会被低温烫伤。

贴暖宝宝的时间不能太长。

3

4

注水口的盖子是不是没拧紧呀？

抱着热水袋就暖和了。

那可不行，长时间使用可能会引发火灾。

一直开着电热毯，就不担心冻感冒啦！

很多家庭会在冬天使用各种取暖物品，但在使用过程中一定要记住"四不要"。

1 不要在身体的某个部位长时间使用暖宝宝，避免被低温烫伤。

2 暖宝宝不要直接接触皮肤使用，避免皮肤过敏。

3 不要使用正在充电的取暖物品。

4 不要让电热毯长时间处于通电状态。

如何正确地搭乘**自动扶梯**？

不能在扶梯出入口停留太久哟，容易发生踩踏事故。

得伸出头看看，是不是快下扶梯了。

这样也许会撞到头哟！

上扶梯前得先做好心理准备。

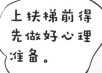

在扶梯上逆行才是正确的姿势，因为大家都避开我。

那是大家怕你摔倒，才躲着你……

不吵不闹，站稳扶好，尽快通过就好啦！

真棒！大家都来学习这种正确的做法，好吗？

搭乘自动扶梯的"六要六不要"

自动扶梯让上、下楼变得更加便利，同时也隐藏着一些危险，所以搭乘自动扶梯时一定要提高警惕。

要尽快通过。 ✔

不要在自动扶梯的出入口停留或低头捡东西。 ✘

要靠一侧平稳站立。 ✔

不要奔跑、跳跃和追逐。 ✘

要保持身体正直站立。 ✔

不要将头或手伸出自动扶梯。 ✘

要顺行。 ✔

不要逆行。 ✘

要穿着合适。 ✔

不要穿拖鞋、洞洞鞋或过长的裤子、裙子。 ✘

要保持整洁。 ✔

不要在自动扶梯上进食。 ✘

在游乐场里应该注意什么？

玩过山车的时候，要记得系好安全带。

是的，但……是不是系得太紧了？

1

游乐场里人超级多，到时候一定要像这样紧跟家长。

说得很好！跟紧啦！

2

3

4

千万别玩过山车，上次我都吓哭了……

这次选择适合自己的项目就可以啦！

在游乐场里，不能边走边吃棉花糖。

对，休息的时候坐下来，再好好品尝美味吧。

游乐场安全小贴士

游乐场好玩儿又刺激，但这份安全小贴士不可或缺。

1 紧跟家长或老师。

2 根据自己的身高，选择适合的游乐项目。

3 不在游乐设施的正下方停留。

4 不擅自解开安全带。

各种各样的门会对我们造成什么伤害？

看来你被这种门伤害过啊……

自动感应门会把我变成"夹心饼干"。

1

可不能在门里一直转圈不出来啊……

自动旋转门会让我晕乎乎的。

2

3

大风天走手动旋转门最好了，不用推就能转。

这可不是大型玩具，这么做很危险的！

4

和家长同行，他们确实能够保护你。

有爸爸妈妈在，任何门都伤不了我。

各种门的使用注意事项

 不论是哪种类型的门，在使用过程中都要注意安全，否则可能会受伤。

① 不在自动感应门区域玩耍，应快速通过。

② 大风天气时，不使用手动旋转门。

③ 儿童应与大人同行。

④ 注意同时进入旋转门的人数不要太多。

遭遇电梯故障，应该如何应对？

赶紧按黄色的警铃按钮求救。

是个好方法！

从下往上，快速按下每一层的按钮。

恢复供电后，这样可以阻止电梯发生下坠。

1

2

3

不慌张是对的。但此刻，想办法自救才是最重要的。

遇事不要慌，用手机先拍张照。

咔嚓～

4

这个姿势可保护不了自己哟。

老师，您看我这个自救姿势对吗？

电梯下坠时的自救方法

遇到电梯下坠时，一定要保持冷静，做好保护动作，以免受伤。

1 自下而上，迅速按下每层楼的按钮。

* 如果电梯内没有扶手，可用手抱颈，保护颈椎。

2 头部和背部紧贴电梯内侧，呈一条直线。

3 紧握扶手，膝盖呈弯曲姿势。

4 脚尖点地，脚跟提起。

超市里会有哪些潜在的危险？

爬到货架上拿零食会发生危险。

对，如果货架倒了，会砸伤你的。

坐在购物车里也很危险。

是的，购物车重心不稳，很容易翻车的。

1

2

3

4

还有可能被螃蟹"偷袭"！好痛啊——

老师这就想办法帮你！

不能坐购物车，也不能推着购物车奔跑。

非常正确！撞伤其他顾客就不好了。

超市购物的潜在危险

超市购物的过程中会有一些潜在的危险，事先防备，才能保护自己。

① 超市客流量大，购物车多，易发生碰撞。

② 攀爬货架取货，商品易跌落，可能会被砸伤。

③ 推着购物车滑行或奔跑，易发生撞伤。

④ 使用坡道滚梯，易发生购物车失控撞伤。

不能在停车场做哪些**危险**的事情？

虽然停车场很宽敞，但不可以在里面踢足球。

是的，停车场里随时会有车驶入，很危险。

1

不能在停车场里蹲下来，会吓着司机叔叔、阿姨。

也会对你造成伤害的，快站起来吧！

2

不能在停车场里玩捉迷藏。我刚在车底躲好，车就开走了。

太危险啦！可不能把停车场当作游乐场啊！

3

4

我怕黑……我不敢一个人去车里拿玩具。

地下停车场的光线差，独自走在里面也会有危险的。

停车场里的"四不要"

停车场是一个充满潜在危险的场所，经常有车驶入、驶出，稍不留神就容易发生意外。

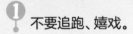

1 不要追跑、嬉戏。

2 不要蹲下或弯腰。

3 不要独自去车内取、放物品。

4 不要在停车场里逗留。

广场会有哪些危险？

小心玩滑板的人。老师，小心啊——

还好我闪得快。

1

还是喝这个吧。

再渴都不能喝喷泉水。

2

3

4

喷泉的水柱高，站在里面冲凉多方便呀！

太危险啦！这水柱会喷伤你的。

老师这就去找冰块，给你的手指降降温。

地上那些灯很烫，千万别摸。

广场喷泉存在的危险

夏季的广场里，喷泉开启时水花四溅，清凉降温，看起来很好玩儿，但其中也隐藏着致命的危险。

① 漏电。

② 冲击伤、摔伤。

③ 细菌感染。

出门在外，
和家长走散了怎么办？

放声大哭，
让妈妈知道
我在哪儿。

大声哭反而会被
坏人盯上的。

去警察叔叔
那里哭，就不
会有坏人盯上
我了吧？

冷静地告诉警察
叔叔发生了什么，
他们会帮助你的。

1　**2**

3　**4**

我是男子汉，我
不哭！等我吃饱
了再向警察叔叔
求救。

吃饭事小，赶紧
联系家长才是最
重要的。

我找不到警察
叔叔，可以站
在原地等爸爸
来找我吗？

原地等待是
一个好方法！

和家长走散后的求救方法

意外和家长走散，要保持冷静，降低家长寻找的难度，同时也不给坏人创造机会。

① 拒绝任何人给的食物。

② 站在原地，高举右手，同时高喊父母的姓名。

③ 回忆家庭地址、父母手机号等信息。

④ 向警察、保安、穿制服的工作人员求助。

会把小朋友直接抱上车，然后开车逃走。

真可怕啊！

会骗我说他是爸爸的朋友，来接我放学。

这种情况，要打电话给家长，确认这个陌生人的身份。

1

2

3

4

给我零食的陌生人肯定不会是坏人。

小心这零食有毒。

坏人会向小朋友问路，然后把小朋友骗到偏僻的地方带走。

大家一定要小心这种拐骗方法。

防拐骗小常识

提高防范陌生人的意识，了解一些防骗手段，才能更好地保护自己。

① 不要食用陌生人给的食物。

② 不要独自帮助陌生人。

③ 公共场所中牵好家长。

④ 一旦被拐骗走，应立即大声呼救，或向周围的成年人寻求帮助。

在动物园参观时，不能做哪些事情？

不能喂动物，会被咬伤的。

好的，好的，听你的。

不能爬栏杆，会掉进动物的"地盘"。

更不能把头伸进栏杆，对吧？

1

2

得穿得鲜艳点，不然动物们看不见我。

你这倒是提醒我了，可不能穿得这么艳丽，会刺激动物的。

3

4

离猴子远一点儿，它们不仅会抓人，还会抢东西呢，比如……桃！

啊？那我躲到角落里去吃。

文明游园小贴士

在与动物亲密互动时，要时刻警惕可能出现的安全隐患。

1 不要在禁止投喂的区域投喂动物，避免被动物抓伤、咬伤。

2 不要翻越或钻过栏杆，避免被栏杆卡住。

3 不要大喊大叫或使用强光照射动物，避免动物受惊，发起攻击行为。

小区里可能有**哪些安全隐患**？

停车场里有很多车，不能在那儿玩。

会被车碰伤，对吧？

那些配电设备也很危险，会触电的。

对！

那些栏杆也有危险。

确实，翻越栏杆会摔伤。

楼下人太多了，放风筝不安全，我去楼顶。

楼顶也很危险，老师带你去安全的地方。

小区安全"三不"

相较于家里来说，小区是一个更大的生活环境，安全隐患的防范人人有责。

1 不在人车混行的道路上玩滑板车、平衡车、轮滑，避免和路人或行驶的车辆发生碰撞。

2 不打开或搬动消防设备、配电箱等物资及公共设施。

3 不去楼顶、天台等高空区域玩耍，避免跌落。

商场里可能有哪些**安全隐患**？

如果和家长走散，可以向服务人员求助。

商场里人很多，不牵着妈妈的话，我会走丢的。

1

要小心避让哟！

其他小朋友开的玩具车也很危险。

2

3

商场里好吃的东西太多了，容易勾起我的食欲，这很危险哪……

那也不能暴饮暴食。

4

非常正确！要和玻璃护栏保持距离哟。

那些玻璃护栏也很危险，要小心一点儿。

小心玻璃

商场内易被忽视的安全隐患

商场内环境复杂，需要格外注意潜在的安全隐患。

1 商场中庭的玻璃护栏。如果玻璃破碎或缝隙过大，可能造成跌落摔伤。

2 试衣镜、灯箱等物品。倚靠、拉拽这些物品，可能造成砸伤、触电。

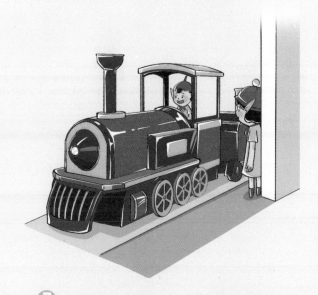

3 儿童电动车、小火车等游乐设施。要注意避让这些快速移动的游乐设施。

第五章
郊野安全秘籍

户外游玩时遇到**野生动物，应该怎么办？**

不要拽我，我要跟它合个影。

别冲动！野生动物身上有各种细菌和寄生虫，凑得太近容易感染。

1

我带了最好吃的零食，可以亲手喂它。

它可不是小孩子，可能会咬人哟。

2

3

可是它并不想跟你走啊，记住了：任何野生动物都不能带回家。

我要把它带回家，相亲相爱不分离。

4

如果是危险的动物，要离它远点。

对，最好距离它有一条人行道那样远。

野外遇蛇的自救妙招儿

户外踏青露营时，我们会选择一些人迹罕至，又靠近水源的地方扎营，而这些地方正是蛇最经常出没的区域。

1 看见蛇时，立即绕道远离。

2 如果遇到蛇发动攻击，沿"Z"形路线逃跑。

3 被蛇咬伤时，不管其是否有毒，应先止血。

4 就近寻找医院救治。

5 记清蛇的花纹、形状等明显特征，告知医生。

夏季游泳时，
如何预防溺水？

不会游泳的话，像我这样套上游泳圈就好啦！

靠游泳圈来防溺水，还是有风险的！再仔细想一想。

什么泳姿我都会，肯定不会溺水的。

就算你会游泳，做"孤泳者"——独自下水也很危险的！

那我多叫几个同学一起去，正好能和大家比赛憋气。

结伴游泳也不能预防溺水哟！还有更好的方法吗？

每次去游泳，爸爸都会像"超人"一样保护我，不让我呛水。

带上"超人"爸爸，这可真是个好方法！

防溺水的"六不"口诀

夏季是玩水降温的好季节，但夏季也是溺水事件的高发期。牢记"六不"口诀，远离溺水。

溺水时，应该如何自救？

使劲扑腾，让脑袋浮在水面上。

不行，这会加速让身体下沉的！

1

大声喊"救命"。

是不是得先浮起来，才能呼救呢？

救命

2

3

水下更适合思考，我可以想想让谁来救我。

再思考下去就沉底啦！

4

别挣扎，让自己漂在水面上。

这确实是个自救的好方法！

溺水自救小贴士

溺水事故往往发生在 1~3 分钟之内，超过 5 分钟，就会对溺水者造成严重的永久性脑损伤。

1 保持镇定。

2 屏住呼吸，踢掉鞋子，放松肢体。

3 头部后仰，鼻部露出水面进行呼吸。

4 吸气要深，呼气要浅。用嘴吸、鼻呼的方法，以防呛水。

漂流时，应该注意什么？

天气恶劣的时候去漂流，会发生危险的。

等到下大暴雨的时候再去玩漂流，这样更刺激！

1

手机这种贵重物品还是不要带了，掉水里就糟糕了。

一定要记得带手机，不然怎么拍照呢？

2

3

最好别勉强自己，安全第一。

绝对不做胆小鬼！打着哆嗦也要上！

4

非常好！

必须听从管理人员的安排。

漂流是夏季热门的游玩项目，在游玩过程中，一定要做好安全措施。

1 强降雨、大风和冰雹等恶劣天气时，不能参与漂流活动。

2 不要携带手机、相机和现金等贵重物品参与漂流活动。

3 听从工作人员的指挥，穿戴好防护装备。

4 一旦落水，千万不要惊慌，大声呼救并等待救援人员施救。

滑冰时，应该注意什么？

保暖很重要，但是……会不会穿得太多了？

有多少穿多少，感冒远离我。

1

摔倒很疼吧？大家还有什么好建议？

要保护好屁股。

2

3

滑冰时一定要留意周围的情况，以免发生危险。

得小心别人钓鱼凿的冰窟窿。

4

一定要去正规的滑冰场，才能保证安全。

不要滑野冰。

冰面开裂时的自救方法

滑冰是冬季很受欢迎的运动，但在自然结冰的野外冰面上滑冰很容易发生意外。

如果遇到冰面裂开：

要立刻趴下，扩大身体和冰面的接触面积，并慢慢爬向最近的岸边。

如果掉进冰窟窿：

 双臂伏在冰面较厚的地方。

踩水

拍打冰面

2 踩水，不让身体往下沉，并呼救。

3 不能用手拍打冰面。

* 如果周围没有可以求助的人，可以自救，试着像海豹一样，扭动身体往冰面上挪动。

遭遇**离岸流**（背向海岸的海流）时，应该如何自救？

逃脱离岸流的方法

看似平静的海面，实则危机四伏，很多离岸流就出现在这里。

如果还没下水：

在岸上简单观察一下，最大限度地避免陷入离岸流。

如果已经陷入离岸流中：

1 保持镇定。

2 随波逐流，顺着离岸流的水流方向，沿着与沙滩平行的方向逃出激流。

3 呼叫、挥手寻求救援。

野餐时，应该注意什么？

和爸爸妈妈待在一起，别走丢了。

很好。还有什么要注意的吗？

还要小心蚊虫。我拍！

别拍！用嘴把蚊虫吹走就可以了。

1

2

3

下雨天和野餐是绝配，要好好享受！

下这么大的雨，还是先回帐篷里吧。

4

小心蛇！

看来"走在杂草里会碰到蛇"是真的……

野餐的安全小贴士

去野餐，不是带个野餐垫就可以了，而是时刻都要注意安全，才能让野餐变成一次美好的回忆。

1 不要远离同行人，以免迷路。

2 要做好防蚊虫的措施。

3 提前查看野餐当天的天气，避免在天气恶劣的情况下野餐。

4 不要走在杂草中，以免被蛇虫咬伤。

野餐时不小心吃了变质的食物，应该怎么办？

赶紧吃药。

药可不能随便吃。

什么？竟然变质了！

拿上面包，老师送你去医院。

1 2

3 4

肚子痛死了，总是拉肚子……

长时间拉肚子可能会脱水，咱们去医院吧。

可以大量喝水来催吐。

有道理！

食物中毒的自救方法

食物的保质期长短不一，食用前，一定要先查看保质期，判断是否能食用。

1 喝大量的水，将还未消化的食物催吐出来。

2 催吐后，可适量饮用牛奶以保护胃黏膜。

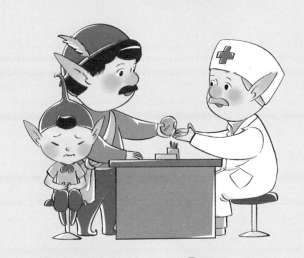

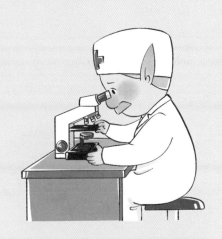

3 如果出现腹泻、呕吐等症状，要及时就医。

4 尽量保留剩余的变质食物，送医时交给医生，方便医生进行诊断。

5 收集呕吐物、排泄物等，送检化验。

野外迷路了，应该如何**自救**？

先把零食、饮料都消灭掉，减轻重量。

真是一点儿都不省着吃啊……

原路返回。

万一走错路了怎么办？还有其他好方法吗？

1　**2**

3　**4**

那就爬到树上看看路在何方。

爬树太危险了，万一摔下来怎么办？

我选择向警察叔叔求助。

快原地找找哪个方向的信号更好。

野外迷路的自救方法

在野外亲近大自然的同时，也要随时留意队伍的去向，避免掉队、迷路。

① 利用手机拨打求救电话。

② 利用哨子发出求救信号。

* 野外遇险时，生命优先，可以燃起烟火示意，但平时可不能这样做哟！

③ 在空旷的地带，摆出巨大的"SOS"求救信号。

④ 燃起烟火，向救援人员指示搜救方向。

看见漂亮的**野外植物**，你会怎么做？

最好不要碰到植物哟，可能会过敏。

我要拍张照，留作纪念。

1

长得越漂亮的蘑菇越可能有毒哟。

太漂亮了，我可以带回家吗？

2

3 4

有些蘑菇有毒，不要随意食用。

老师，没有施化肥的漂亮蘑菇，您多吃点。

穿长裤可以防止自己被植物划伤。

躲得远远的，我怕被植物划伤。

遇到野外植物时的"三不要"

野外那些漂亮的植物，有些没有毒，有些可能会有剧毒。做好防范，远离危险。

① 不要闻植物。有些植物的花粉会造成人的呼吸道不适。

② 不要触摸植物。人的皮肤碰触到有些植物的叶子等，会出现红肿、发痒等症状。

③ 不要食用陌生植物，比如野生蘑菇、野生果实。

被蜜蜂蜇伤了，应该如何处理？

我可以挤破它吗？

那可不行，挤压会让毒液进入体内的。

1

先涂抹点药膏，紧急处理一下。

涂抹前，应该先检查一下有没有尾针残留在皮肤中。

2

3

吃点大蒜，给身体消消毒。

被蜇伤后不能吃辛辣的食物，记住了吗？

4

还是让爸爸妈妈带我去医院吧。

这是个好方法。

被蜜蜂蜇伤后的处理方法

春暖花开的季节，蜜蜂活动比较频繁。如果被蜇伤，要仔细检查并处理伤口。

1 拔出尾针。用消毒后的镊子将断针夹出。

2 局部冲洗、消毒。因蜜蜂的毒液呈酸性，可用肥皂水或小苏打水涂擦伤口。

冷敷

3 冷敷伤口，缓解疼痛。

4 如果全身出现严重的过敏反应，应尽快吃抗过敏药，并及时就医。

河流、小溪看着很平静，可以下水玩吗？

河水才到我小腿高，一点儿也不危险。

谁说的，你看我。

我会游泳，平静的水面正合适。

现在是汛期，下水太危险。

1

2

3

4

我看很多小朋友都在河里玩，我要加入他们。

别去了，我们一起把他们叫上来吧。

不可以，还是会有危险。

你能这么想我就放心了。

防溺水小贴士

有些河流看起来没有危险，但水下的情况很复杂，千万不要贸然行动。

1 关注天气预报，尤其是河流上游地区的天气。如果上游下暴雨，会让河流水量迅速增多，形成湍急的水流往下游冲去。

2 河道水深不一，不熟悉河道地形而踏入深水区，容易发生溺水事故。

3 当水流撞上石头时，容易形成力量很大的暗流，甚至是漩涡，将人卷入河底。

第六章

自然灾害巧自救

遇到雷雨天气，应该如何避险？

雷雨天气的避险方法

夏季是雷电、暴雨频发的季节，遇到雷雨天气时尽量减少出门，可进行室内活动。

❶ 寻找室内场所躲避。

❷ 当积水超过30厘米时，不要冒险蹚水。

❸ 远离铁塔、电线杆等危险区域。

冬季路面行走口诀

牢记三句口诀，冬季路面行走更安全。

① 脚穿防滑鞋，两手不插兜。

② 鞋底全着地，踩稳再迈步。

③ 两脚同肩宽，小步慢慢走。

发生地震时，应该如何**自救**？

在家的话，就躺着等会儿吧，也许马上就不震了。

躺着可不安全啊！要不要再想想？

1

在学校的话，得赶紧坐电梯下楼去操场。

去空旷的操场是个好主意，但是坐电梯可就危险啦！

2

3

不坐电梯那就跳窗吧！我有头盔，我不怕。

这可不是正确逃生方法哟！跳窗可是有生命危险的。

4

得赶紧跑去卫生间，蹲在墙角。

嗯，就近躲在坚固的隐蔽物下方也是个好方法哟。

发生地震时，冷静地做出判断，采取正确的紧急避险措施，就能有效地保护自己。

① 优先保护头部，避免被重物砸伤。

② 在家中，迅速躲进卫生间，蹲在远离镜子的墙角。

③ 在学校内，可以用书包或书本保护头部，迅速撤离到空旷地带。

④ 在户外，远离建筑物、广告牌，迅速寻找空旷地带，等待地震结束。

遇到森林火灾，应该如何自救？

快往反方向跑。

搞错啦，那边才是反方向！

书上说要往逆风的方向跑。

对，逆风的方向其实就是烟雾飘散的反方向。

1

2

3

冲过去把火踩灭就好啦！

不行不行，这样会被烧伤的。

4

跑的时候，记得用湿毛巾捂住嘴和鼻子。

这个办法很好！

如果已经看到明显的烟雾，或是闻到有树木燃烧的气味，马上逃生。

1 起火点在山上，要快速往山下跑。

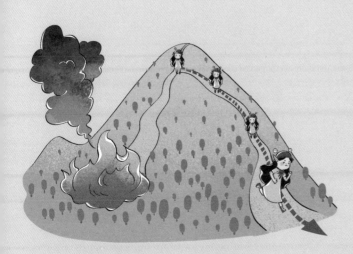

2 起火点在山下，要先转移到安全的地方后，再往山下跑。

3 如果烟雾较大，要用湿毛巾捂住口鼻，避免吸入过多高温气体。

雾霾天气，应该如何保护自己？

不出门就好啦！

记得关好窗户哟！

关

1

把空气净化器打开。

它可以有效清除室内空气中的有害颗粒物和粉尘。

2

3

雾霾是一种大气污染，扇子可扇不走它的。

带把扇子，把雾霾都"扇"走。

4

出门戴好防雾霾口罩。

也要保护好露在外面的皮肤哟！

雾霾天气的自我防护

雾霾中含有大量具有有害物质的颗粒物，人体吸入后，会引发呼吸系统疾病。

1 减少出门。

2 佩戴防雾霾口罩。

3 皮肤不要裸露在外。

遭遇冰雹天气，应该如何保护自己？

出门戴好安全帽。

这样可以保护好脑袋哟！

老师，躲在大树下安全吗？

大树保护作用有限，应该迅速躲进建筑物里。

1

2

3

我有"大力金刚指"，冰雹来一个我弹走一个。

这招看起来不靠谱儿啊……

大力金刚指

4

抱紧脑袋，赶快跑回家。

办法很好，就是忘记把眼睛露出来了。

应对冰雹的方法

冰雹的直径通常为 1~3 厘米，最大直径能达到 10 厘米左右，如同成年人拳头的大小。

① 立即停止户外活动，躲进结实的建筑物内。

② 周围没有可以躲避的场所时，可用书包等物品先保护头部，再寻找场所躲避。

③ 在郊外遭遇冰雹时，不要迎风前进，避免冰雹砸伤面部。

台风避险小贴士

台风具有极强的破坏力，一定要随时关注台风预警信息，减少外出。

在户外：

❶ 远离树木、广告牌、高楼外墙等危险区域。

❷ 就近寻找躲避场所。

在室内：

❶ 关闭所有门窗，收回屋外的物品。

❷ 在窗户上呈"米"字形贴胶带。

遭遇**洪水**侵袭时，应该如何自救？

关注新闻，提前带上行李撤离。

带上必需的通信工具和应急物品就可以。

1

爬上屋顶，洪水就淹不到我啦！

这个地方选得不错！

2

3

我水性好，不怕。

洪水属于激流，跳进激流里会发生危险的。

4

把这个当船，可以逃生。

没有救生圈，木盆也是个好选择！

洪水袭来时的逃生指南

遭遇洪水时，应做到及时关注、服从指挥、快速撤离、准备充分。

① 随时关注发布的预警信息。

蓝 FLOOD　黄 FLOOD　橙 FLOOD　红 FLOOD

洪水

② 快速撤离时，选择有鞋带的运动鞋，并系好鞋带，以免撤离时掉落。

③ 撤离时，带好手机、应急药品，以及基本的生存物资。

④ 水深不足 30 厘米，可涉水撤离。

⑤ 水深超过 30 厘米，应在屋顶或高处等待救援。

第七章

网络安全
"防火墙"

什么是网络暴力？

对！发表诽谤性的言论就是一种网络暴力。

别人玩游戏没我厉害，就在游戏里说我作弊。这肯定是网暴！

1

我在网络上分享美食，有人在评论里发那种很恶心的图片，侮辱我。

这种侮辱性的评论也是一种网络暴力。

2

3

我也遇到过这种事情！留言的人还煽动别人在评论里骂我。

太过分了！煽动性的言论也是网络暴力。

4

我爸爸"网暴"我！他把我流鼻涕的照片发到家族群里，大家都笑话我！

这确实伤害了你的自尊心，回家和爸爸沟通一下，怎么样？

处理网络暴力的好方法

网络暴力是社会暴力在网络上的延伸，表现为在网络上发表具有"诽谤性、诬蔑性、侵犯名誉、煽动性和损害权益"这五种特点的言论、文字、图片、视频。

① 告诉家长或老师。

② 联系平台管理者，要求删除相关内容。

③ 保护好个人隐私，避免网络暴力的负面影响进一步扩大。

大家遭遇过哪些**网络诈骗**行为？

这个群里说扫码就送毛绒玩具，肯定是骗人的。

对方下一步可能就会索要你的个人信息了。

1

还有人冒充我的好友，向我借钱呢！我可没钱。

不论有没有钱，都要先确认对方的身份哟！

2

3   **4**

有人说可以免费帮我打游戏升级。能让我安心写作业的肯定不是骗子吧？

这可不一定哟！

这种代练也是骗人的，我之前就因为代练被盗号了。

大家都要引以为戒哪……

网络游戏中常见的诈骗方式

学习之余可以适度玩玩网络游戏放松一下，但在游戏中需要提高警惕，谨防上当受骗。

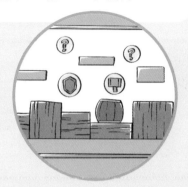

1 低价销售游戏装备。先骗取信任，再骗取财物，钱款到手后立即食言，不予交易。

2 提供代练服务。假装代练几天后，盗取账号。

3 冒充客服人员或交易者，进行账号交易。交易完成后，对方借助技术手段，将账号盗走，骗取财物。

应该如何对待在**网络**上交到的朋友？

朋友不问出处，当然都是真心对待了。

了解朋友的真实身份后再付出真心，这样更安全哟。

1

要是对方频繁地向我借钱，我会直接拉黑。

这招高明。

2

3

约对方见个面，把对方变成我现实生活里的朋友。

尽量别着急见面，考察一段时间再说。

4

我的网友天天问我数学题……不说了，继续学习去了。

希望每位同学都能遇到这种好学的网友。

网络交友的"四应该四不应该"

网络朋友不同于现实中的朋友，应尽量避免和网友直接会面，以免发生危险。

1 应该区分网络朋友和现实中的朋友。不应该缺少防范意识。

2 应该多交能和自己共同进步的线下朋友。不应该将全部精力投入到和网络朋友的相处中。

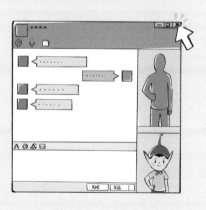

3 应该时刻保护个人隐私。不应该和网络朋友谈及家庭信息。

4 应该保护好视力。不应该在网络聊天儿中耗费大量时间。

大家上网都喜欢做些什么？

我喜欢看科普视频，能学到好多新奇的知识呢！

那下次给同学们也科普一些新知识，好吗？

我喜欢下围棋，下次可以教同学们下围棋。

太好了，期待围棋高手给大家露一手。

1

2

3

4

我暂时"下网"了……之前上网时间太长，近视了。

看来，适可而止很重要啊……

我喜欢在网上听一些历史故事，特别有意思。

可以摘下耳机，让老师也听听吗？

网络成瘾，会危害生理和心理健康。学会合理使用网络，才能学习、娱乐两不误。

① 引发颈椎和眼部疾病。

② 在网络中迷失自我，影响现实中的人际交往和社会活动。

③ 占用大量时间，影响睡眠和学习。

④ 严重的网瘾，甚至会诱发某些违法犯罪行为。

上网时，如何保护自己的隐私？

用各种符号把密码设置得很复杂，以防账号被盗。

还可以加上一些字母和数字。

1

不能填写那些来源不明的网络问卷。

自我保护意识很强啊！值得称赞！

2

3

在网上发一张我们的合照也不可以吗？

不行不行，也许肖像会被盗用的。

4

填个人信息前，最好先告诉家长。

这个做法值得大家学习。

网络信息安全的"四不"

近年来，利用网络盗取用户个人信息的案件时有发生，网络信息安全教育不容忽视。

账号： 123456
密码： 679xjl#&%^/

1 不将账号和密码设置成一致的内容，尤其是金融账号。

2 不将密码设置得过于简单。采用数字、字母和符号混合的密码，提高账号的安全等级。

邮箱

%^*&!?$@=\{@]*|~%#^$*?&@ "€¥£=:%#*?$&@€£¥_#*£¥=\]]/-

免费领取游戏装备：
http://garmsjn.jimsns.yshgak.hi.ma./uiw/jikn/Eshjsnhj/Ecfffsgg

账号： ********
密码： ********

☒ 自动登录 ☒ 记住密码   找回密码

登 录

3 不盲目点击来源不明的链接。

4 不在公共电脑上保存账号和密码。

沉迷网络有哪些危害？

会玩得很兴奋，睡不着。

要注意平衡娱乐和学习的时间哟。

1

一旦玩起来，什么都不想做，只想玩游戏。

这情况不太妙啊……

2

3

4

没什么危害吧？除了好玩儿还是好玩儿。

眼科医生，快来给他检查一下视力！

还会变得暴躁，看什么都不顺眼。

那……我们去户外玩一会儿，怎么样？

沉迷网络的危害

如果对网络的使用没有节制，就会产生各种不良影响。

① 耗时费力，占用学习时间。可能会引发厌学等消极情绪。

游戏账户买卖

游戏

骗局

② 网络里的人员良莠不齐，不加以提防的话，容易被别有用心的人诱导参与犯罪活动。

③ 拒绝社交。将自己禁锢在电脑前，不愿意和他人沟通。

使用公共无线网络时，应该注意什么？

每次连上商场里的无线网络，就会收到很多垃圾短信。

千万不能随便点开短信里的链接。

1

住酒店的时候，我会连接酒店的无线网络。

注意，必须是正规酒店的无线网络才可以哟！

点头！

2

3

我连接无线网络都不需要密码，很方便的！

可不能图方便啊！有些无线网络是用来盗取手机信息的。

4

要小心那种破解无线网络密码的软件。

对，使用这种软件，可能会泄露个人信息。

免费无线网络的陷阱

"免费无线网络"真的"免费"吗？
要小心这些陷阱。

1 连接无密码的无线网络，可能会被盗取银行卡账号、密码。

2 连接公共场所的免费无线网络，可能会被盗取私人照片、聊天儿信息等个人隐私，并因此被诈骗、威胁。

下面这些动作，分别是遇到什么**危险**时可以用的呢？

①

②

③

④

⑤

⑥

索　引